COLLEGE EXPERIMENTAL
D'AVICULTURE
DE
CHATEAU - THIERRY.

-:-:-:-:-:-:-:-:-:-:-:-:-:-:-:-:-:-:-

CHATEAU DE BLESMES

Première leçon

L'AVICULTURE - SES DIVISIONS

L'AVICULTURE est la partie de l'Agriculture qui s'occupe de l'Elevage et de la Production des volailles, des oiseaux de chasse et de volière. Comme notre Cours est essentiellement pratique, nous ne retiendrons pas ici la culture des oiseaux de chasse et de volière sauf celle des pintades.

L'AVICULTURE SPORTIVE
ET
L'AVICULTURE DE RAPPORT

La culture des volailles se divise à tort ou à raison en deux parties:

1° - Celle des volailles dites d'exposition, ainsi appelée parce que l'Eleveur qui la pratique ne s'occupe qu'à produire des animaux de race pure, ayant les conditions de ligne, de forme, de plumage, de couleur, de volume, de poids exigées par un ensemble de règles appelées Standart. C'est l'Aviculture Sportive. Très en honneur autrefois, elle est de plus en plus délaissée pour l'Aviculture d'utilité.

2° - Celle des oiseaux de rapport ou d'utilité, de races pures principalement (car les races pures ont prouvé leur supériorité), et considérés comme grands producteurs soit d'oeufs, soit de chair, ou à la fois d'oeufs et de chair; c'est ainsi que l'on a des races pondeuses, des races productrices de chair, des races mixtes.

Il est bien évident que l'Aviculteur d'utilité, c'est-à-dire celui qui s'occupe des volailles dans le but d'en tirer un produit déterminé d'une façon plus ou moins industrielle, ne peut suivre le sportman qu'est l'Aviculteur d'Exposition dans la voie sévère des éliminations rigoureuses et forcées que ce dernier est obligé de pratiquer; qu'il ne peut décimer son troupeau sous le prétexte que telle crête manque d'ampleur ou de régularité, que la forme de tel oreillon n'est pas impeccable: la volaille est en effet pour lui un capital en exploitation qu'il ne peut diminuer dans des proportions aussi importantes.

Mais l'Aviculture Sportive peut rapporter ? direz-vous. Oui, en ce sens que celui qui a su se tailler une large part dans les palmarès des concours - et cela est rare et difficile - peut vendre quelques sujets très cher. Mais le gros de son troupeau ne lui rapporte rien, et lui coûte beaucoup. Il faut avoir des revenus pour s'adonner à ce sport.

REVENONS A L'OBSERVATION DES STANDARTS PRATIQUES -

On ne peut s'empêcher de voir tant d'Aviculteurs qui se flattent de faire des races pures, être en possession d'animaux qui n'ont pour ainsi dire de leur race que le nom: des Wyandottes ayant la taille de Leghorns , des Rhodes Islands Rouges ayant perdu leurs belles formes typiques et leur riche couleur. Que nous importent les standarts disent ces Eleveurs, pourvu que nos sujets pondent. Et pourtant ces mêmes Eleveurs sont heureux de vendre très cher leurs Wyandottes, leur Leghorns, leurs R.I.R. "pures". Il y a évidemment tromperie innocente, mais tromperie quand même, car c'est le Standart qui est le critérium de la pureté d'une race.

Certes, on ne peut suivre, au point de vue utilité, les standarts dans toutes leurs rigueurs: des races comme l'Orpington sont considérablement grossis et perdent tout intérêt pratique; la Wyandotte d'exposition, massive et lourde ne peut-être un oiseau de rapport. Aussi il est souhaitable que les volontés qui président à l'élaboration de ces Règles pensent un peu aux Aviculteurs industriels et ne leur donnent pas un travail trop compliqué.

Le jour où les aviculteurs d'utilité gagneront de beaux prix dans les expositions, où inversement lorsque les beaux sujets seront récompensés dans les concours de ponte, quand il n'y aura plus deux sortes d'Avicultures, mais unité parfaite dans les méthodes de travail, l'Aviculture aura fait un très grand pas.

Rendons ici hommage à la belle campagne menée par M. MAU-
MENE dans "Vie à la Campagne", la publication qu'il dirige avec
tant d'élégance et d'autorité, pour la fusion de ces deux sortes
de spéculations.

DIFFERENTES PARTIES DU TRAVAIL AVICOLE

Les différentes parties de ce Cours sont: l'Etude de l'a-
nimal au point de vue extérieur et des races; l'Etude de la cons-
titution interne de l'oiseau, de l'oeuf; l'Etude de sa multiplica-
tion, fécondation, incubation, développement embryonnaire: l'Etude du logement: poulaillers et salles d'élevage; l'Etude de l'Alimentation au point de vue Chimique et Mathématique; de l'Alimentation aux différents âges et d'après le but à atteindre; l'Etude
de la ponte, des différents facteurs qui influent sur la production; l'Etude de la tenue du poulailler de Ponte; l'Etude de la
Sélection et de sa répercution sur les différentes formes d'exploitation; l'Etude de la production du Poulet de table, l'Etude
des Canards, Oies, Dindons, Pintades et leur exploitation, enfin
l'Etude de l'Administration proprement dite d'une ferme avicole.

Ces études sont nécessaires pour mener à bien l'exploitation d'un établissement d'aviculture quelque soit son importance.
En effet, l'Aviculteur doit connaître ses sujets, il doit savoir
choisir ses races, les exploiter rationnellement en les faisant
reproduire d'abord puis en exigeant le rapport qu'il est en droit
d'en attendre, il doit savoir procéder aux sélections afin de
s'assurer un profit de plus en plus grand, il doit enfin savoir
vendre.

L'exploitation proprement dite se subdivise elle-même
en plusieurs parties: culture intensive pour la production des
oeufs de consommation avec ou sans perfectionnement des lignées
de pondeuses; culture intensive pour la production de la chair et
dans certains cas particuliers, culture des races mixtes.

CONNAISSEZ VOTRE METIER

Mais est-il sage de se lancer dans une exploitation avicole, d'y engager des capitaux, d'y consacrer tout ou partie de son
temps, d'en faire un à-côté de son existence ou toute son existence.

Longtemps l'Aviculture a été tournée en dérision.

Les poules, jusqu'ici élevées au petit bonheur dans les
fermes et un peu partout, étaient-& sont trop souvent encore - con-
sidérées comme des bêtes presque inutiles, bonnes à picorer dans
la cour "le grain qui se perd".

Et ceux, qui malgré les railleries amicales de leur entou-

rage, en tenaient un cas spécial et leur donnaient des soins particuliers, passaient pour d'inoffensifs maniaques, des gens pla-
cides au cerveau un peu dérangé. "C'est un raideux" disait-on.

Mais ceux qui voulaient en faire une profession, en es-
comptant un bénéfice suffisant, ah! ceux-là étaient des anormaux!

Si les premiers étaient de doux amateurs de la ligne impeccable, du plumage aux couleurs harmonieuses dont le dessin
fixé par les aimables rigueurs des standarts doit être respecté,
leur passion trouve son excuse dans ce fait qu'ils étaient et sont
des artistes véritables. Mais les seconds étaient d'une témérité
vraiment audacieuse. Précurseurs des Aviculteurs industriels
d'aujourd'hui, ils ont payé un lourd tribu à la science avicole.
Tous ont dû fermer leur porte, les plus sages après avoir perdu
une partie des sommes engagées, les autres après avoir laissé
dans leur spéculation malheureuse tout ce qu'ils lui avaient con-
fié.

Ne croyez pas que la liste de ces échecs est close.

Nous connaissons quantité de personnes, alléchées par le
désir de faire comme les autres, parce que l'Aviculture est deve-
nue un snobisme, une mode, qui suivent le même chemin.

Pourquoi ces abandons et ces désastres ? Est-ce que l'Aviculture ne paie pas ? Qu'elle est une simple passion comme le
baccarat ou les courses hippiques ? NON L'AVICULTURE EST UN METIER
SERIEUX, RAISONNE, SCIENTIFIQUE. Les personnes qui jusqu'ici n'ont
pas réussi doivent leur insuccès à ce qu'elles faisaient le métier d'un autre; elles faisaient de l'Aviculture sans en connaître
la science, parce que cette science ne leur avait pas été inculquée
Elles croyaient savoir, on a pu leur dire qu'elles savaient, elles
avaient confiance. Mais ont seul tiré du profit ceux qui, à tort
leur ont donné cette confiance.

Quelque profession que vous embrassiez, que vous soyez
professeur, notaire, architecte ou imprimeur, vous ne réussirez
pas si vous ne connaissez pas votre métier. L'Aviculture aussi est
un métier. C'est un métier difficile, soyez-en persuadés, et pour
lequel il faut des connaissances précises, - non uniquement géné-
rales -, ainsi que quelques qualités.

N'embrassez pas la profession d'Aviculteur, ne l'exercez
sous aucune forme que ce soit si vous n'êtes pas résolus à en apprendre tous les détails et si vous en attendez une vie de bour-
geois rentier.

Aussi les méthodes que vous allez apprendre sont loin
des procédés ruineux d'autrefois. Elever en bandes de 500 poussins
et plus; tenir des pondeuses en agglomérations et constamment
enfermées; nourrir avec des mélanges secs, des dry-mashes; pros-
crire de l'alimentation des poussins ce que les braves fermières
emploient: le riz, le millet, l'oeuf, le lait entier de vache; sa-

voir choisir un incubateur qui vous donnera constamment d'excellents résultats; savoir trier et choisir les oeufs pour l'incubation; apprendre à ne tenir que des animaux productifs; doubler leur production; voilà des procédés entre des centaines qui caractérisent les méthodes que nous vous exposerons.

L'AVICULTURE PAIE ET PAIE BIEN

Il y a place pour la production. Ceci est une question qui ne souffre pas de discussion.

Vous savez que l'oeuf frais est l'aliment le meilleur qui soit pour les enfants, les vieillards, les malades; pour tous ceux qui ne veulent pas que leur corps ni leur cerveau s'affaiblissent.

Or, vous verrez dans une leçon ultérieure avec quelle rapidité le contenu des oeufs s'altère. L'oeuf par excellence est l'oeuf frais, tant au goût que pour la santé, non celui, qui, après un long voyage du Maroc ou de Roumanie nous arrive dans un état nutritif très affaibli et rempli de toxines dangereuses pour la santé.

Chaque famille devrait produire les oeufs frais, les poulets de grain, les volailles grasses nécessaires à sa consommation: il en résulterait un accroissement de santé et une économie très sérieuse . Dix poules peuvent entretenir une famille de quatre personnes, et ces oeufs, au lieu de revenir à une somme variant entre 0 fr.30 et 1 Fr. ne coûteraient que de 20 à 25 centimes la pièce.

La viande de boucherie fournit, avec le lait et les oeufs, à l'alimentation humaine, les principes azotés dont elle a besoin. Mais vous n'ignorez pas que son abus cause à l'organisme des troubles graves. De plus elle n'est pas assez riche en matières grasses et hydrocarbonées: c'est un aliment unilatéral tandis que les oeufs forment un aliment complet. Les Anglais comptent qu'il faut chez eux au moins un oeuf par personne et par jour. Ils ont raison. Nous devrions donc consommer - et nous consommons près de quinze milliards d'oeufs! Or nous en produisons ... quatre milliards. Le déficit est immense. Il n'est pas près d'être comblé, il ne le sera pas - s'il l'est un jour - avant un nombre très respectable d'années. Enfin, lorsque nous serons devenus, comme l'Amérique, une nation grande productrice d'oeufs, le gouvernement prendra telles mesures pour assurer l'exportation. La voix des aviculteurs et celle de leurs porte-paroles sera assez puissante pour l'obtenir quand le moment en sera venu.

La production sera toujours rémunératrice ; même si les matériaux composant nos rations devaient encore subir des augmen-

tations de prix. Il faut bien en effet se dire que le prix d'un
produit est fonction du prix des autres denrées similaires.
                          Qu'il est surtout dans la dépendance
étroite du prix des matières premières servant à le fabriquer:
en l'occurence des grains et farines animales. Or, quand le
prix de revient et le prix de vente augmentent, le bénéfice suit
la même courbe ascendante.

Battez donc le fer quand il est chaud et songez que tout
manque à gagner est une perte.

DES BENEFICES

Dans le bilan de toute affaire il ne faut pas considérer
uniquement le prix de la matière première et la somme brute réali-
sée par la spéculation de la vente. Nous nous élevons contre les
affirmations fantaisistes dés aviculteurs en chambre qui préten-
dent que le bénéfice donné par une pondeuse de grande lignée atteint 70 fr. même .... Il faut faire entrer dans les dépenses
l'intérêt de l'argent engagé, l'amortissement du matériel, les
frais généraux. Si vous engagez un capital dans une affaire avicole vous ne le placez pas en titres ou en banque; d'où comptabilité
en dépenses de l'intérêt que cet argent ne vous rapporte plus.Bien
entendu on ne comptera que l'intérêt des sommes primitivement engagées, non celles que l'on pourrait engager par la suite en les
prélevant sur les bénéfices. D'autre part le matériel que vous
possédez ne durera pas éternellement: il faut porter chaque année en dépense une partie de la somme que vous avez payée pour
l'acquérir: il faut l'amortir. Portez chaque année le quin ième
de la somme que vous avez payée pour cet achat. On dit que votre
matériel sera amorti en quinze ans. Amortissez de même le matériel
que vous pourrez acheter en prélevant son prix d'achat sur vos
bénéfices. Enfin comptez les frais généraux pour leur valeur entiè-
re; frais de main d'oeuvre, commission, librairie, poste, dépla-
cements; etc .. etc..

Lorsque vous aurez fait ce calcul, vous trouverez   qu'une
petite exploitation de bonnes pondeuses vous rapportera environ
40 frs. par an et par tête.

Remarquez que cette petite e loitation n'a pas besoin
continuellement de main-d'oeuvre spéciale.

La grosse exploitation ne rapportera pas moins; si d'un
côté la dépense de salaire est plus élevée, d'un autre vous pouvez acheter vos produits en gros et bénéficier do prix plus avan-
tageux. De plus produisant davantage vous pouvez vous organiser
pour vendre vos produits plus cher: vente de l'oeuf du jour par
exemple.

Enfin si vous produisez avec succès les lignées de grandes pondeuses, vous ajouterez à ces sommes un supplément considérable provenant de la vente des oeufs à couver, des poulettes et coquelets pour la reproduction, de poules ayant fait une année de ponte chez vous et qui peuvent constituer chez d'autres un départ d'exploitation.

Mais la condition nécessaire pour gagner de l'argent en exploitant la poule pondeuse est d'avoir une bonne souche pour la ponte d'hiver. Tant vaut les reproductrices et les reproducteurs, tant vaut la descendance.

La poule de ferme pond de 90 à 110 oeufs par an, et tous ou presque en été. Or, la production de nos troupeaux sélectionnés n'est pas de 170 oeufs, mais bien de 180 à 210 de __moyenne__. C'est dire que certains sujets ne donnent que 120 oeufs tandis que d'autres dépassent 280. Peut-être serez-vous étonné en lisant ces nombres tantôt bas, tantôt élevés et laissant entre eux une très grande marge: attendez pour juger que vous ayez étudié ce Cours.

La vérité est toujours dans les moyennes. C'est dans les extrêmes que se tient l'erreur. L'aviculture nous vient d'Amérique c'est un fait indéniable que nous vous montrons à l'aide de chiffres. Mais l'aviculture américaine à ses exploitateurs, d'autant plus dangereux que la science nouvelle est plus séduisante. Nous vous mettrons en garde contre des procédés qui n'ont pour but que de remplir les poches de ceux qui s'en font les chevaliers. Mais la vieille science avicole fait aussi fausse route. Elle le sait mais elle a trop l'orgueil de son savoir périmé, elle a surtout réalisé trop de bénéfices par la vente d'un matériel ou de livres périmés pour l'avouer et changer son fusil d'épaule. Ses pontifes espèrent pouvoir s'adapter, régler le courant qui monte et commence à les submerger.

En vain ! Elle montre des nids-trappes qui ne fonctionnent que les jours de visite, elle fabrique des poulaillers, du matériel qu'elle appelle modernes, mais qui n'en ont que le nom. De tous côtés des pièges vous sont tendus.

Sachez les éviter en vous appuyant sur notre expérience.

En Amérique comme ailleurs, "tout ce qui luit n'est pas or". Les Américains sont assez scientifiques, moins que les Anglo-saxons cependant. Ils ne savent pas nourrir économiquement, sauf dans leurs Collèges Agricoles. Ce sont d'ailleurs ces établissements, rétribués par les Etats, qui ont favorisé le développement de l'Aviculture. C'est vers eux et vers les vrais aviculteurs américains que nous devons nous tourner pour parfaire nos connaissances. Il faut aussi que nous sachions résister aux emballements, que nous sachions distinguer le vrai du faux même du faux présenté à grand renfort de réclame, sous l'étiquette américaine. Il faut que nous devenions plus "hommes de chiffres", plus comptables. Lorsque nous aurons acquis ces qualités, nous ferons tout aussi bien; sinon mieux que de l'autre côté de l'eau.

DE LA SPECIALISATION

Il y a plusieurs stades dans le développement de chaque spéculation. Il y a la période d'Etudes, la mise au point; l'exploitation sous une forme générale, puis la spécialisation. Nous avons passé la période de mise au point, ce qui ne veut pas dire que des progrès ne seront plus faits dans cette voie. Nous arrivons à celle de la spécialisation.

Tous les Aviculteurs d'Amérique ne produisent pas leurs oeufs à couver, n'élèvent pas leurs poussins, ne font pas pondre leurs pondeuses: les Américains trouvent à acheter à bon compte soit des poulettes, soit des poussins. En France et dans les autres pays européens la bonne poulette est trop rare à un prix intéressant pour que cet achat soit conseillé lorsqu'il ne s'agit que de produire des oeufs de consommation ... Mais cependant on peut tirer parti des fautes des autres: elles nous éclairent en nous montrant le chemin. Tel établissement qui a voulu exploiter une spécialisation s'est ruiné parce qu'il s'y est pris d'une mauvaise manière. Au contraire il est des spécialisations qui sont extrêmement intéressantes: telle la production unique de l'oeuf de <u>consommation</u>.

Si nous vous disions que pour tenir 1.000 pondeuses en produisant soi-même ses oeufs à couver il faut au moins quatre hectares et un capital important, mais que pour tenir 1.000 pondeuses en achetant chaque année les poussins nécessaires au renouvellement partiel ou total du troupeau il ne faut qu'un hectare et demi, un capital quatre à cinq fois moindre et le cinquième de la main d'oeuvre, vous seriez peut être étonnés. C'est cependant la vérité, et nous vous le prouverons.

La spécialisation est une partie de la méthode qui caractérise les entreprises modernes; tous les hommes d'affaires sont avec nous pour le proclamer. Spécialisons nous donc; notre argent nous rapportera beaucoup plus et nous aurons besoin de moins de capitaux. Cela n'a pas encore été dit, mais il faut que vous le sachiez.

Faites de l'aviculture en grand si vous le pouvez, en petit si vous y êtes obligés, mais faites en en homme d'affaires. Abandonnez vos caprices, vos idées de dilettante ne vous laissez pas berner si vous désirez gagner de l'argent avec la volaille, en vivre et vous enrichir.

Ceci dit, nous pouvons vous affirmer que de toutes les branches de l'Aviculture, c'est l'exploitation de la pondeuse poule ou cane, qui, dans la majorité des cas, rapporté le plus. La Chair, le canard-chair peuvent aussi donner du profit, mais dans des conditions de main d'oeuvre et d'achat des nourritures, difficiles à rencontrer.

Et dans l'exploitation de la poule pondeuse, c'est la forme spécialisée ayant pour but la production des oeufs de consommation -, si votre capital est restreint.

DES QUALITES INDISPENSABLES
A TOUT AVICULTEUR

Certaines qualités sont indispensables à tout aviculteur:

La persévérance dans l'effort. Ne croyez pas qu'en une année vous ferez passer une lignée de pondeuses de 130 à 200 oeufs. Ne relâchez pas votre effort dans l'exercice de votre tâche quotidienne si vous ne voulez pas être rapidement noyé par votre travail.

L'esprit de suite dans toutes les formes de votre activité: votre but une fois bien défini, il ne faut pas vous en écarter un seul moment. Les esprits versatiles sont condamnés à un échec fatal.

L'esprit d'observation: il faut traiter la volaille, les poussins surtout, comme des enfants, se pencher vers eux avec attention afin de se rendre compte de leur état et de leurs besoins. L'aviculture est un monde de petits détails qui ont chacun leur valeur propre; que l'un d'eux soit négligé et l'édifice entier s'écroule.

L'ordre est indispensable, beaucoup d'ordre, jamais trop d'ordre. Non pas un jour par semaine, mais tous les jours. Sans ordre c'est le coulage, la main d'oeuvre compliquée, l'ennui de toutes les minutes dans toutes les heures de la vie.

Le courage enfin est nécessaire. On a dit avec raison que le métier d'aviculteur est un métier d'intellectuel.

C'est un métier d'intellectuel agissant. Il n'est pas régi par la loi de huit heures. Les journées de l'aviculteur sont longues et souvent fatigantes; mais la vie large, remplie, saine que son métier lui procure, les joies honnêtes qu'il lui rapportent le réconfortent de son labeur; et nous tous, les aviculteurs, qui avons librement choisi cette profession, nous disons qu'il n'en existe pas au monde d'aussi agréable.

LES FEMMES EN AVICULTURE

Lorsque nous vous disons que le métier d'Aviculteur est un métier long et fatigant, nous ne voulons pas dire qu'il faille

être un hercule pour réussir: des jeunes gens, des jeunes filles,
des femmes surtout sont de précieux praticiens. Les femmes, par
le soin du détail qu'elles portent à chaque chose, par la douceur
patiente de leur caractère sont d'excellentes avicultrices. Nous
sommes là dans un féminisme absolument sain. Laissons sur ce sujet
la parole à M.A.J. Charon dans "Poules qui pondent Poules qui
paient".

" En Amérique et surtout en Angleterre, beaucoup de
" femmes dirigent d'importantes exploitations avicoles et réussis-
" sent à merveille. Les femmes en effet sont admirablement douées
" pour la conduite de fermes à volailles, des Poultry-Farms.
" Elles ont la patience, elles sont habituées aux soins minutieux
" et à la régularité du ménage.
"   " Leur esprit d'observation, qui n'est pas toujours de
" la curiosité, les sert aussi beaucoup dans une telle entreprise.
" En outre, tandis que le mari est à l'extérieur pour assure la
" subsistance quotidienne de la famille, la femme peut facilement,
" tout en vaquant à ses occupations habituelles d'intérieur, commen-
" cer le noyau de cet élevage qui grandira mais qu'il est souvent
" imprudent d'entreprendre dès le début en grand.

"   " Elle fera ainsi son apprentissage et en deux ou trois
" ans, tout en ne sacrifiant aucune des nécessités du présent aux
" espérances d'ailleurs légitimes de l'avenir, elle terminera son
" apprentissage avicole. En même temps son stock de volailles sera
" graduellement et considérablement accru, sans hâte et sans gran-
" des dépenses.

"   " La persévérance lui permettra d'atteindre, au prix du
" moindre risque - et c'est là le grand point - ce rêve d'indépen-
" dance, de vie dans un milieu choisi, si longtemps carossé."

<u>LES PERSONNES QUI NE DOIVENT</u>

<u>PAS FAIRE D' AVICULTURE</u>

Enfin, pour vous éclairer sur vos possibilités de succès nous ajouterons quelques mots pour vous dire quelles sont les
personnes qui ne doivent pas faire d'aviculture.

Vous ne devez pas posséder de volailles, si vous ne voulez ou si vous ne pouvez pas vous astreindre à leur donner ou à leur
faire donner tous les soins qu'elles réclament, à moins que vous
n'ayez un fondé de pouvoir capable de vous remplacer.

Vous ne devez pas accepter ce travail si vous n'aimez pas
la volaille, si vous n'avez pas les qualités d'esprit de suite,
de persévérance nécessaires, si vous ne croyez pas pouvoir apporter
aux détails, à leur observation attentive, tout le soin qu'ils mé-
ritent.

<u>Mieux vaut mille fois ne rien commencer que d'être obligé d'abandonner une affaire en voie d'exécution, d'y laisser de l'argent, beaucoup de temps et de foi en soi.</u>

QUEL EMPLACEMENT DEVEZ-VOUS CHOISIR ?

Nous avons vu qu'un emplacement nécessaire à une exploitation n'a pas besoin d'être étendu pour quel'entreprise porte de beaux fruits.

Songez que vous pouvez mettre 2.000 pondeuses à l'hectare si vous ne les laissez pas constamment enfermées dans leur poulailler; que vous pouvez élever 750 poulettes sur la même surface de terrain car les coquelets doivent être enlevés et vendus dès l'âge de 12 semaines.

Si donc vous voulez posséder un troupeau de 1.000 pondeuses renouvelées à raison de 6/10 chaque année, c'est à dire composé de 600 poulettes en première année de ponte et 400 en seconde année, et que vous désirez réserver une vingtaine d'ares pour la culture de la verdure, vous voyez que vous aurez suffisamment de terrain avec un hectare et demi.

Comptez pour mener cette exploitation à bien sur un capital de 70 Frs environ par pondeuse, mais envisagez aussi que chaque pondeuse vous rapportera 40 Frs par an de bénéfice net.

Quel est l'industrie ou le commerce qui peut payer de tels dividendes ?

Si vous disposez d'un emplacement qui est un marais ou un champ battu par les vents, n'y faites pas d'aviculture, car l'humidité et le vent sont les deux plus grands ennemis de la volaille a méliorer des terrains est une œuvre coûteuse. Cependant on pourra, si on juge devoir le faire, assécher les terres humides par le drainage et abriter les endroits découverts par des plantations de croissance rapide.

On a prétendu qu'il fallait, pour augmenter les chances de succès en amoindrissant la mise de fond du début (frais de première exploitation) choisir des terrains pauvres parce que d'un prix peu élevé. C'est une grande erreur.

Les êtres vivants sont à l'image du sol sur lequel ils vivent; telle terre fertile donne des hommes, des animaux, des plantes vigoureux ; et quoique les volailles peuvent consommer des nourritures venant en grande partie des terrains riches, elles consomment également tous les aliments herbacés croissant dans leur parcours. L'herbe qu'elles prennent ne sera jamais trop riche, et tels aviculteurs avisés augmentent encore sa richesse par l'apport de certains engrais.

Vous n'élèverez guère de poules à records sur un terrain pauvre.

En général, il vaut mieux un sol sec qu'un sol humide, une terre en pente douce ou plate qu'une autre montagneuse où les volailles prennent de mauvais aplombs.

Veillez à ce que le climat soit sain. Telles vallées sont presque toujours couvertes de brouillards froids et humides le soir, la nuit, le matin. L'opposition de cet état de l'atmosphère avec les chaleurs de la journée est trop forte et devient la cause de tels insuccès. Nous avons remarqué - et plus d'un aviculteur avec nous - que certaines maladies épizootiques comme la diphtérie, sont plus fréquentes et plus virulentes dans certaines vallées humides et brumeuses que sur les hauteurs, où d'ailleurs elle est presque inconnue.

Le voisinage d'une ville offre des ressources que n'a pas la campagne: les débouchés y sont moins coûteux ce qui diminue les frais généraux. Par contre la main d'oeuvre et les terrains y sont beaucoup plus chers. Les ouvriers peuvent y être moins consciencieux, moins disciplinés; l'avantage du voisinage immédiat d'un gros centre de population paraît ainsi n'être qu'assez mince. Si vous êtes dans un endroit où les communications sont rares ou difficiles, vous pourrez user de la traction automobile qui économise tant de temps et du même coup bien de l'argent.

LE DEBUT

Commencez en petit. Suivez avec des volailles bien sélectionnées nos leçons pas à pas. Tenez votre comptabilité en détail et les bénéfices encourageants que vous aurez réalisés dans votre première année, qui est loin d'être la plus productive, vous diront si vous devez agrandir votre exploitation et constituer une affaire d'une certaine importance, ou si vous devez encore attendre.

Déjà la basse-cour de 50, 100, 200 poules que vous possèderez constituera pour vous une deuxième source de revenus, sans que vous soyez obligés, dans la plupart des cas, de faire appel à la main d'oeuvre étrangère. Vous vendrez des oeufs de consommation, des poulets de grain.

Une personne, la dame de la maison, sa fille ou la bonne habituelle soignera jusqu'à 300 pondeuses sans négliger beaucoup son travail quotidien. Elle ne sera absorbée par sa besogne avicole qu'au temps très court de l'Elevage des poussins.

Une personne suffit pour un poulailler de 1.000 pondeuses si tout est judicieusement compris. Un aide sera nécessaire pendant la saison de l'Elevage seulement.

Une leçon suivante vous dira quelle race tenir suivant le but à atteindre, mais nous nous permettons déjà d'insister sur ce point à cause de la grande erreur que commettent tant de débutants ... et de professionnels.

Lisez dans "<u>Vie à la Campagne</u>" du 1er février 1922 l'article intitulé "<u>Conception défectueuse d'un élevage</u>"

C'est l'histoire de tous ceux qui ont plusieurs races de poules, plusieurs races de canards, plusieurs races de lapins, et quoi encore ! Le propriétaire de tout ce monde ne sait plus où donner de la tête, les soins élémentaires finissent par être négligés ... et la faillite arrive. Ne dispersez pas vos efforts, ne faites soit qu'une race de poules, soit qu'une race de canards, soit qu'une race de lapins.

De plus, si vous sélectionnez, songez que la sélection pour être efficace doit porter sur un assez grand nombre de sujets de la même race. Plus vous aurez de Bresses par exemple, le plus grand sera le nombre de celles que vous trouverez avoir eu une ponte suffisante pour que vous puissiez en élever un nombre assez grand de descendants destinés à continuer votre sélection. Plus vous aurez de bonnes pondeuses, plus vite se fera votre souche, et meilleure sera la descendance: plus vous gagnerez d'argent.

Nous avons la conviction que faire plusieurs races c'est compliquer le travail, augmenter les dépenses et ne faire que de là peu près. Or, là peu près n'apporte que des troubles, des ennuis et des déboires.

<u>QUAND DEBUTER</u>

Une date s'impose fatalement si vous ne désirez faire que de l'oeuf de consommation: le printemps. Deux époques vous sont possibles si vous désirez créer une ferme de sélection: le printemps et l'automne.

<u>DEBUT DE PRINTEMPS</u>

Vous pouvez débuter au printemps soit avec des oeufs à couver que vous mettez en incubation, soit avec des poussins de un jour que vous élevez.

AVEC DES OEUFS A COUVER -

Procurez-vous les oeufs à couver en bonne saison: janvier, février ou début de Mars pour les races lourdes, janvier, février, mars, avril et début de mai pour les races légères. Les oeufs à couver peuvent, s'ils sont de bonne qualité et bien emballés, voyager sans trop de mal. C'est une question de densité et de fraîcheur des oeufs; c'en est une aussi de vigueur des germes, autrement dit d'âge, de soins de santé des reproducteurs, de soins donnés aux oeufs. C'est aussi une question de transport plus ou moins confortable.

Mettez les en incubation aussitôt que vous lez aurez reçus. Le mirage que vous leur faites subir décèle très facilement les traces de fêlure et vous dit si l'oeuf est frais ou non, si la coquille est bonne ou mauvaise (dans une certaine mesure cependant si la chambre à air est à sa place. Nous supposons bien entendu que vous vous êtes adressé à une maison de confiance qui n'envoie que des oeufs de poules de deuxième année de ponte qui prend un soin particulier de ses reproducteurs, de ses oeufs, de ses emballages, qui choisit les oeufs à couver, laissant les inférieurs pour la consommation. Dans ce cas, vous mirerez seulement pour savoir s'il y a fêlure de la coquille ou non: le vendeur a fait le reste.

Puisque nous soulevons cette question, laissez-nous vous dire que la science et la qualité d'un éleveur ne se mesure pas à la quantité de publicité qu'il fait ou à la vogue qu'il a pu donner à son nom. Vous exigerez les pédigrées, c'est-à-dire les papiers d'origine de tout achat. Mais méfiez-vous des fabricants de pédigrées: nous en connaissons qui ont fait figurer telle année dans leurs parquets de reproducteurs des sujets qu'ils n'ont possédés qu'un an plus tard. Nous en connaissons qui ont fait figurer telle fin d'année dans la liste des reproducteurs des poules comme ayant pondu près de 300 oeufs très lourds alors que les cartes de pontes jusqu'au premier février précédent accusaient une pauvreté sans exemple.

AVEC DES POUSSINS DE UN JOUR -

Ce mode est très en faveur en Amérique et en Angleterre Les poussins de un jour, les Baby Chicks ou day old chicks sont expédiés aussitôt qu'ils sont éclos et secs. Dans un emballage spécial, chaud, bien ventilé, ils supportent un long voyage. Ce fait peut paraître étonnant mais il s'explique clairement car il est l'application des premiers procédés d'élevage: En effet le poussin ne doit pas être alimenté avant d'être âgé de 48 heures au moins; ensuite les trépidations du voyage remplacent ces bousculades forcées qu'il est toujours bon de fai'e subir au nouveau-né afin de lui donner cette gymnastique du ventre qui l'aide à se débarrasser de ses excréments et qui le prépare à la digestion de son premier repas.

Exigez que l'on vous avise du départ des poussins par télégramme ou téléphone. Allez les chercher à la gare sans attendr l'avis d'arrivée du chemin de fer et mettez-le immédiatement sous une bonne éleveuse chauffée à 35 degrés. Donnez-leur, quand ils sont bien réchauffés un peu de sable, puis, deux ou trois heures après, leur premier repas: commencez à suivre nos indications relatives à leur alimentation et à leurs soins.

Les oeufs à couver doivent être expédiés avec garantie de fécondation: 70 % en janvier , 75 en février , 85 en mars , 90 en avril. Ou bien exigez que l'on vous en donne 15 pour 12. Les poussins de un jour doivent être garantis vivants à l'arrivée: comptez- les devant les autorités compétentes de la gare, réexpédiez immédiatement les morts et les mourants, s'il s'en trouve, ce qui est bien rare, à l'éleveur qui vous les a fournis et acceptez les autres en faisant des réserves: vous vérifierez ensuite s'ils sont arrivés dans les délais règlementaires.

Des deux modes, préférez l'achat des poussins.

DEBUT D' AUTOMNE

Ces débuts se font soit avec des poulettes de l'année soit avec des poules ayant fait une année de ponte chez votre vendeur.

AVEC DES POULETTES DE L'ANNEE

Ces poulettes sont vendues à partir de l' âge de trois mois. Donnez leur les soins nécessités par leur âge.

Vous reconnaitrez ensuite qu'elles ont achevé leur croissance et que la ponte est proche au changement d'allure des sujets, au développement des crêtes et des barbillons à leur couleur plus riche, à leur température plus élevée. Mettez-les dans leur poulailler de ponte avant la production du premier oeuf, lorsque les volailles arrivent chacune à leur tour à maturité.

N'achetez pas de poulettes d'arrière saison: elles n'auraient pas de valeur pour vous. Il est très facile d'emplir des couveuses jusqu'au mois d'août et d'offrir les poulettes sur le marché. No. vous y laissez pas prendre. Faites du travail sérieux.

AVEC DES POULES AYANT TERMINE LEUR PREMIERE ANNEE DE PONTE

Les éleveurs qui pratiquent consciencieusement la création de lignées de grandes pondeuses ne conservent comme reproductrices que les volailles ayant atteint les plus hauts records. Ils vendent les autres. Certes ce n'est pas le dessus du panier à moins que vous ne les payiez très cher et que vous ayez affaire à un éleveur consciencieux. Recherchez les meilleures que vous puissiez trouver. Accouplés avec des coquelets d'une lignée authentique, voilà un bon parquet pour un début, et qui convenablement traité et amélioré, peut avoir de grandes prétentions.

Vous trouverez dans une leçon ultérieure l'explication des soins tout à fait particuliers que vous devez avoir pour les reproducteurs: de ces soins dépendront le degré de fécondation et de qualité des oeufs, le degré de vitalité des germes et de vigueur des poussins qui en naîtront l'intensité de ponte des poulettes que vous en éleverez et la puissance de la force d'hérédité qui fait transmettre les qualités des parents à la descendance.

C'est la pierre angulaire de l'Aviculture Moderne.

LES TRENTE COMMANDEMENTS DE L'AVICULTEUR MODERNE

Sous cette forme nous avons réuni quelques unes des notions élémentaires indispensables à une bonne exploitation agricole. Ces trente commandements prépareront le non initié aux développement des leçons suivantes:

1°/ - Définissez bien votre but.
2°/ - Commencez en petit.
3°/ - N'achetez rien aveuglément.
4°/ - N'ayez aucun sujet de qualité inférieure.
5°/ - Ne tenez qu'une race.
6°/ - Ne suivez pas de plans quelconques.
7°/ - Ne pratiquez pas de fausses économies.
8°/ - Ne construisez rien de provisoire.
9°/ - Ayez d'excellents poulaillers modernes.
10°/ - Ne manquez pas de petit matériel.
11°/ - Traitez la volaille avec douceur.
12°/ - Ne soyez pas irréguliers dans les soins à donner au troupeau.
13°/ - Ne négligez pas les désinfections.
14°/ - Luttez contre la vermine.
15°/ - Mettez en quarantaine toute volaille entrant dans votre Elevage.
16°/ - Ne nourrissez pas avec des rations mal balancées.
17°/ - N'employez que des aliments choisis.
18°/ - Ne donnez aucun aliment fermenté ou moisi.
19°/ - Faites constamment des distributions régulières de verdure.
20°/ - Donnez de l'eau aérée, pure ou désinfectée.
21°/ - Ne laissez pas boire de l'eau froide ni chaude.
22°/ - Ne négligez pas l'exercice.
23°/ - N'ignorez pas les avantages de la lumière artificielle.

24°/ - Exigez constamment un pourcentage de ponte rémunérateur.
25°/ - Eliminez les mauvaises pondeuses.
26°/ - Ne forcez pas la pondeuse future reproductrice.
27°/ - Ne négligez pas votre comptabilité.
28°/ - Ayez de l'ordre en tout.
29°/ - Abonnez-vous à notre Journal.
30°/ - N'oubliez pas de consulter votre professeur chaque fois que
       vous serez embarrassé.

<u>A NOS ELEVES</u>

Nous attirons l'attention de nos élèves sur l'importance qu'il y a pour eux de répondre aux questionnaires accompagnant chaque leçon. Peut-être trouvent-ils ce travail inutile ? Qu'ils se détrompent ! La répétition est le meilleur procédé mnémotechnique: un travail écrit succédant à une étude, fixe toujours ce que l'on vient d'apprendre. Ce n'est pas au moment où vous aurez besoin de tel renseignement que vous devrez penser à le chercher: il faut absolument, pour que vous réussissiez, que vous sachiez le Cours à fond ; il faut que, à l'avance vous sachiez ce qu'il convient de faire dans tous les cas qui se présenteront à vous. Notre bureau spécial de correction a été créé justement pour que vous puissiez parfaire, compléter, fixer d'une manière définitive l'enseignement que vous recevez.

D'ailleurs nos corrections ne se bornent pas à de sommaires indications: elles sont un complément du Cours; elles sont de longues explications, un coin du voile soulevé davantage et mis en pleine lumière, un sujet de réflexion que nous aimons à donner.

Restez en communication avec nous, dans votre intérêt. Ne restez pas isolés. Dites-nous vos réflexions, vos objections : nous serons heureux de tout connaître. Correcteurs dévoués, guide de l'action comme de la théorie avicole, nous vous donnerons tous les éléments de réussite, y compris l'un des plus importants: la confiance en vous-même. Nous savons que beaucoup d'entre vous n'ont pas présentement le temps matériel pour travailler par écrit: qu'ils nous le disent et qu'ils soient assurés que nous serons toujours à quelque date que ce soit, heureux de recevoir leurs devoirs, de les corriger et de délivrer notre magnifique diplôme que nous avons voulu en rapport avec un Cours aussi parfait et aussi bien présenté.

En terminant, nous vous assurons qu'un cours n'est pas un manuel, mais il n'a toute sa valeur que si vous restez en communication, en communion d'idées avec nous que si toujours vous faites partie de la grande association que constitue l'ensemble de nos Elèves et de nos anciens Elèves

Venez nous voir quand vous en aurez l'occasion ou le temps . Nous serons toujours très heureux de faire votre connaissance et de causer de vive voix de vos souhaits, de vos désirs, de votre exploitation, d'Aviculture.

Q U E S T I O N N A I R E

1°/ Avez-vous fait des Etudes avicoles ?
2°/ Où ?
3°/ Avez-vous pratiqué l'Aviculture ?
4°/ Quels ont été vos travaux ?
5°/ Pourquoi vous dirigez-vous vers l'aviculture ?
6°/ Désirez-vous en faire une profession ?
7°/ Quand ?
8°/ Quels capitaux désirez-vous mettre en oeuvre ?
9°/ Avez-vous une propriété ? où ?
10°/ Faites-en sur une feuille spéciale un dessin sommaire aussi
     exact que possible, avec indication et desciption des bâtiments
     existants, mesures, orientations. Ce dessin restera dans votre
     dossier et nous aidera pour vous donner les conseils dont vous
     aurez besoin pour l'organisation de votre affaire, pour vous
     donner plans et devis de votre future exploitation suivant vos
     désirs et vos moyens.
11°/ Pourquoi faut-il revenir à l'observation des standarts prati-
     ques ?
12°/ Quelles sont les différentes parties du travail avicole ?
13°/ A quoi attribuez-vous les causes d'échec des dernières années,
     et encore d'aujourd'hui ?
14°/ Croyez-vous que l'aviculture paie ? Pourquoi ? Pourquoi paiera-
     t-elle toujours ?
15°/ Expliquez pourquoi la spécialisation permet sur un terrain donné,
     avec un capital donné, de réaliser plus de bénéfices ?
16°/ Avez-vous visité des Etablissements avicoles ? Quelles remarques
     avez vous faites ?
17°/ Expliquez pourquoi l'esprit d'observation est une qaualité indis-
     pensable à l'aviculteur ?
18°/ Pourquoi les femmes sont-elles de bonnes avicultrices ?
19°/ Votre contré ou votre propriété convient-elle à l'Elevage ?
20°/ Pourquoi ?
21°/ Expliquez comment s'effectue la création d'un établissement
     avicole .
22°/ Quelles précautions devez-vous prendre pour tout achat ?

-:-:-:-:-:-

9 782329 204260